小學生
趣味大科學

奇妙的
自然現象
天氣

恐龍小Q 編

目錄

地球的「外衣」—— 大氣層

地球是個巨大的球體,在它的外層包裹着一圈混合氣體,就好像是地球替自己穿上了外衣,這件「外衣」就是大氣層。

由地面起計算,大氣層的氣體密度隨高度的增加而減少,高度愈高大氣愈稀薄。距地面 50 公里以內的空間中,集中了 99.9% 的大氣。

大氣層的體積佔地球總體積的 5%,相當於橙皮和橙的體積比例。

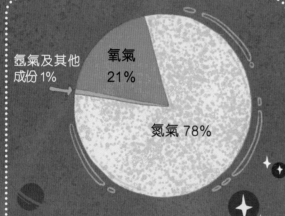

- 氬氣及其他成份 1%
- 氧氣 21%
- 氮氣 78%

氮元素是植物必不可少的養料。
所有生命都離不開氧元素。
水汽主導地球的天氣變化。
二氧化碳吸收地面輻射,增加地面溫度。如果沒有二氧化碳,地球的溫度會瞬間降至零下 10 度。

大氣的成份主要是氮氣,佔大氣總體積的 78%,氧氣佔 21%,氬氣佔 0.93%,還有少量的二氧化碳和水汽等。大氣中還懸浮着固體顆粒,例如火山爆發產生的塵埃、工業燃燒排放的煙塵等。

大氣層可以抵擋大部份來自太空的隕石,為人類營造適宜的生存環境,為生命的繁衍提供了無限的可能。如果沒有大氣層,地球就會像今天的月球或者水星一樣荒涼。

我是一隻工蟻,一生都生活在地球上,從未離開過陸地,因為我不會飛呀!

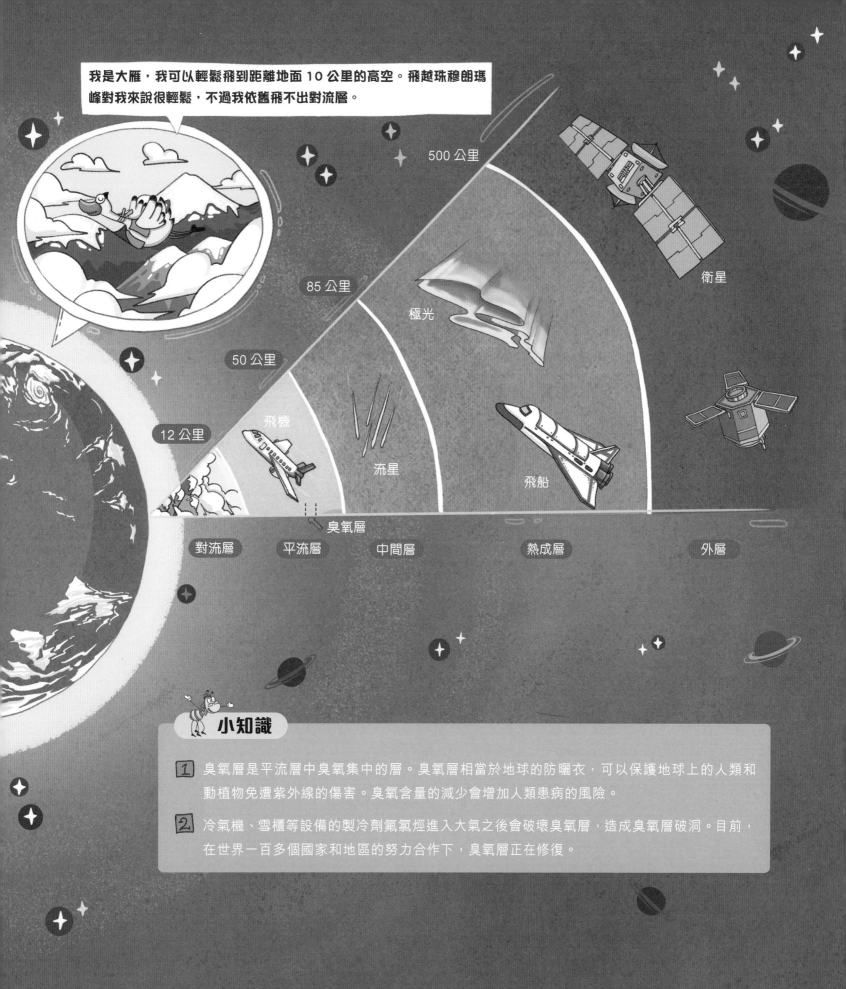

天空的色彩

日間天氣晴朗時，看到的天空是藍色的。因為陽光射向地球時，波長較短的藍光遇到大氣而被吸收，形成散射。

光的色散

陽光通過三稜鏡時會折射，分解成光譜（彩色光帶）。光譜中的每一種色光被稱為單色光，各有不同的波長，而波長決定了人們的眼睛看見的色彩。

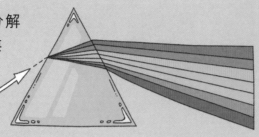

由單色光混合而成的光叫複色光，陽光、鎢絲燈燈光都是複色光。

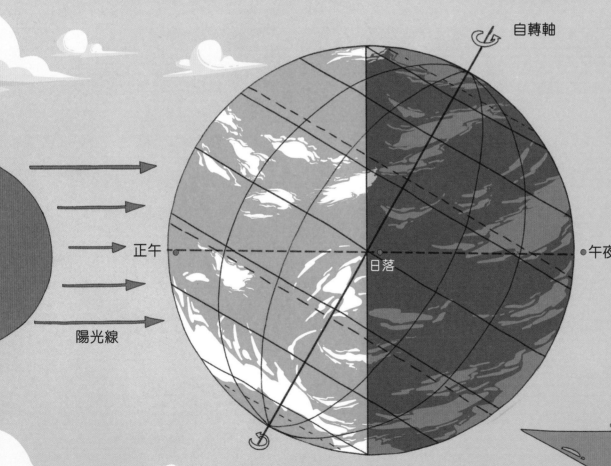

自轉軸

正午

陽光線

日落

午夜

白天和黑夜的交替

地球的自轉形成白天和黑夜的交替。地球一直繞着自轉軸由西向東轉動，面向太陽的半球為白天，另一半球則是黑夜。

晝半球和夜半球的分界線，叫作晨昏線。

在地球自轉的某一刻，地球上的不同地區有的是正午，有的是午夜，有的是正經歷晝夜交替的早晨或傍晚。

星光

晚上，數不清的星星出現在夜空中。星星大致可分為恆星、行星、衛星、小行星、彗星等。我們看到的星光有些來自恆星的自發光，有些來自行星反射的陽光。

極光

太陽發出的高速帶電粒子在地球磁場的作用下向南北兩極附近移動，使高層空氣分子或原子激發或電離而形成彩色光芒，這些彩色光芒就是我們在地球高緯度地區看到的極光。

夜光雲

大氣層的中間層溫度很低，一些塵埃、冰晶形成了地球上最高的雲——夜光雲，在地球高緯度地區可以看見它。

流星

太空中的塵埃和碎片在接近地球時受到地球引力吸引，闖入地球大氣層時與大氣摩擦、燃燒產生光跡，形成了流星。

咦，我怎麼燒起來了？

咦，我怎麼也燒起來了？

我想到天上看看。

有流星！趕快許個願！

空氣的力量

你往那邊移一移！

氣壓是如何產生的？

　　由於能量的存在，分子是不會靜止不動的，即使在固體內部，分子也會動來動去。

　　氣體沒有固定形狀，氣體分子的活動範圍更大。當它們被關在一個容器時，氣體分子便四處亂撞，這種撞擊會對容器的內壁產生壓力，這就是 氣壓 。

沒有人能數得盡我們！

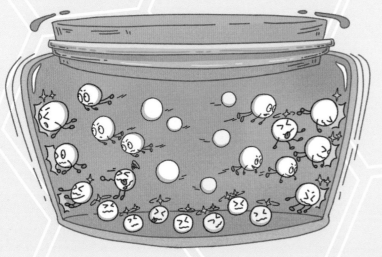

　　物質所包含的分子數量多到我們難以想像。以水為例，如果全世界的人一起數一滴水裏的水分子數量，就算每秒鐘數 3 個，都要數二千多年。

這個罐頭裏的食物一定十分滋味！

　　密閉的環境中，在體積不變的情況下，氣壓的大小會受到溫度的影響。溫度愈高，分子就愈興奮，氣壓也就愈高。

快放我出去！

天氣晴朗，視野廣闊。咦？地上好像有一隻準備開罐頭的螞蟻！

風的形成

當太陽照射大地時，山坡和山谷都會吸收熱量。但是因為山坡是聳立的，所以它吸收的熱量會多一些，氣溫也就會高一些。這時候，山坡上溫度較高的空氣分子活躍地運動，還會慢慢地向上升。山坡上的空氣因為上升而變得稀薄，就形成了低氣壓。

山谷因為吸收的熱量少，氣溫會低一些，所以山谷中空氣分子的活動會比較慢，它們聚集在下方，形成高氣壓。

山坡上是低氣壓，山谷中是高氣壓，山谷中的空氣就會沿着山坡向上移動，形成 風 。

快點衝上山頂！

在海邊時，我們常常感覺到即使沙灘燙腳時海水還是冰涼的。這是因為在同樣的陽光照射下，1 克沙子會升溫 4℃，而 1 克水只升溫 1℃。

白天，因為沙灘比海洋升溫快，所以沙灘的氣壓要比海洋的氣壓低。於是，從海面吹向沙灘的 海風 便形成了。

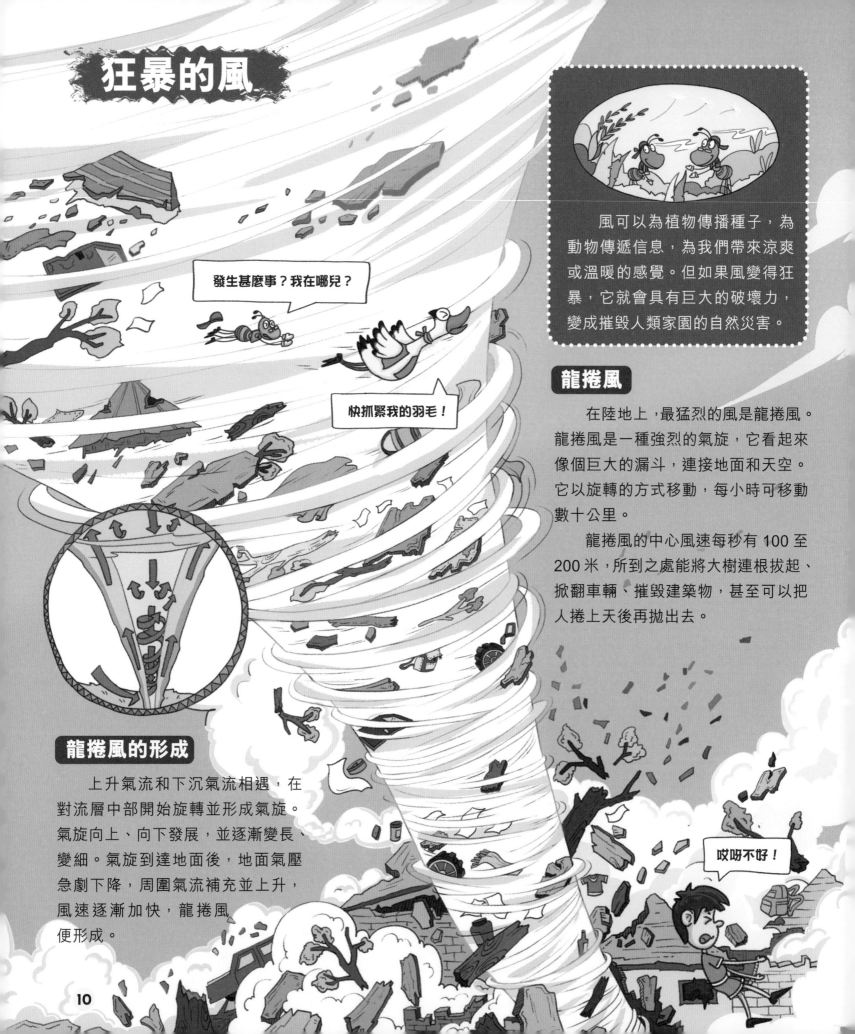

狂暴的風

發生甚麼事？我在哪兒？

快抓緊我的羽毛！

風可以為植物傳播種子，為動物傳遞信息，為我們帶來涼爽或溫暖的感覺。但如果風變得狂暴，它就會具有巨大的破壞力，變成摧毀人類家園的自然災害。

龍捲風

在陸地上，最猛烈的風是龍捲風。龍捲風是一種強烈的氣旋，它看起來像個巨大的漏斗，連接地面和天空。它以旋轉的方式移動，每小時可移動數十公里。

龍捲風的中心風速每秒有 100 至 200 米，所到之處能將大樹連根拔起、掀翻車輛、摧毀建築物，甚至可以把人捲上天後再拋出去。

龍捲風的形成

上升氣流和下沉氣流相遇，在對流層中部開始旋轉並形成氣旋。氣旋向上、向下發展，並逐漸變長、變細。氣旋到達地面後，地面氣壓急劇下降，周圍氣流補充並上升，風速逐漸加快，龍捲風便形成。

哎呀不好！

颱風

在海洋上，最猛烈的風是颱風。颱風是在太平洋西部海洋和南海海上形成的熱帶氣旋，直徑一般約 200 至 1,000 公里，中心附近最大風力達 12 級或以上。

在大西洋西部形成的熱帶氣旋稱作「颶風」。颶風和颱風是同一概念，只是因為形成的海域不同，被鄰近的國家取了不同的名字而已。

颱風的形成

熱帶海面形成一個低氣壓區域，與周圍大氣產生氣壓差。在氣壓差的作用下，周圍的大氣會向低氣壓區域流動，在流動時又會受到地球自轉的影響而偏轉，從而形成旋轉的氣流。這個旋轉氣流愈來愈強大，最後形成颱風。

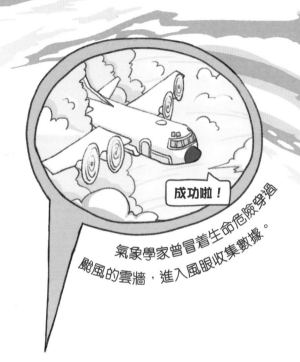

成功啦！

氣象學家曾冒着生命危險穿過颱風的雲牆，進入風眼收集數據。

在海面上，颱風帶來的狂風會掀起巨浪。颱風一旦登陸，會為沿海地區帶來狂風、暴雨等惡劣天氣，造成人命傷亡和財產損失。

颱風的中心區域是一個「洞」，被稱為風眼。

風眼區域風力微弱，天氣相對穩定。

海拔與沸點

海拔

海拔是指地面某個地點高出海平面的垂直距離，通常以平均海平面作標準來計算。海拔愈高，大氣層密度愈低，對太陽輻射和地面輻射的吸收量愈小，溫度於是愈低。

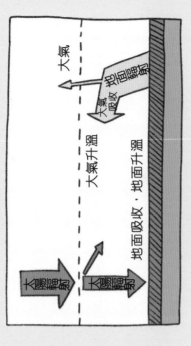

地球表面吸收太陽輻射後升溫，又將其中的大部份熱量以輻射的方式傳送給大氣，這種現象稱為「地面輻射」。

沸點

沸點是指液體沸騰時的溫度。在其他因素不變的情況下，氣壓增高，沸點就會升高；氣壓減少，沸點就會降低。水在標準氣壓下的沸點是 100℃。

當我們在高海拔地區用火燒水時，水很快就會沸騰，但此時的水溫不會很高，因為水的沸點降低了。

各位，派對開始了！

一般來說，隨著海拔高度的增加，氣溫會相應下降。海拔平均每升高 100 米，年平均氣溫就會下降約 0.6℃。

A 的海拔為 1,000 米，B 的海拔為 500 米。

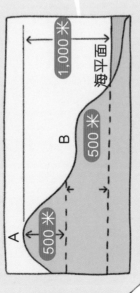

如果繼續往上升，溫度還會更低。

好冷啊。

沸點變化的原理

水分子因為接收了熱量而變得活躍起來，想變成氣態跑到空氣裏，但首先要克服它對它的「壓制」。高原的氣壓不如平原高，空氣對水分子的「壓制」沒那麼厲害，水分子很容易就跑出來了，也就是我們常說的「水滾了」。

高壓鍋就是利用加壓使沸點升高的原理製成的。鍋內的蒸氣因為有密封的鍋蓋阻擋所以無法逃出，因此氣壓增高，沸點升高，飯菜很快就煮熟了。

水的循環之旅

地球上的水大多存在於大氣層、地下、湖泊、河流及海洋中。

水會以蒸發、降雨、下滲、徑流等方式，由一個地方移動到另一個地方，這個過程不斷循環就形成了水循環。

水循環過程中三個重要的環節是蒸發、降雨和徑流，這三個環節影響全球的水量平衡，也決定地區的水資源總量。

人類活動會影響水循環。例如在農業生產中，人們引河水灌溉、開發利用地下水等行為，改變了原來的水流路線，會改變水的分佈和流動狀況。

水循環分為陸地內循環、海陸間循環和海上內循環三種形式。

固態　　　液態　　　氣態

　　在自然界中，水有固態、液態和氣態三種狀態，這三種狀態
會因為溫度的變化而改變。

　　水循環不斷調整各個地區的氣溫、濕度等，人類才能生活在
舒適的環境中。水循環也不斷更新人類賴以生存的淡水資源，維
持全球水的動態平衡。

我要趕在下雨之前到達。

快來這裏集合吧！

水汽輸送

大氣層中水汽的循環過程是：蒸發→凝結→
降雨→蒸發。只需 10 天左右，全球的大氣水份
就能完成一次交換。

升高一點！再高一點！

蒸發

地表徑流

地下徑流

水的三張「面具」

霧

　　春天和秋天的早晨，有時會看見「霧」，霧會阻擋人們望向遠處。

　　氣溫下降時，接近地面的水汽會凝結成微小的水滴懸浮在空氣中。當大量微小的水滴，懸浮在接近地面的空氣中時，霧就出現了。

這些是甚麼？ 看得見，但抓不着！

　　我們周圍的空氣中有看不見的水汽，氣溫愈高，空氣中能容納的水汽就愈多。但當接近地面的空氣溫度下降時，空氣中多出來的水汽就會與微小的灰塵顆粒結合，形成小水滴懸浮在空氣中，因此霧常常在氣溫較低的早晨出現。

露

　　清晨，當我們走過一片草地時，褲管和鞋子常常會被弄濕，低頭一看，會發現草葉上有很多小水珠。難道是昨晚下雨了嗎？非也，草葉上的水珠是「露」。

花瓣上亮晶晶的圓珠是甚麼？

不要喝掉我！

　　露是指空氣中的水汽凝結在地面，或靠近地面的物體表面上的小水珠，常見於晴朗無風、落日後的傍晚至夜間或清晨。露可以依附在植物上，也可以依附在其他無生命的物體上，例如蜘蛛網。

露珠再多一點，你的網就會被壓破的！等着瞧！

露有利於植物的生長和發育，尤其是在少雨的季節和乾旱的地區，例如沙漠地區的植物可以依賴夜間形成的露水生長。

昨天晚上空氣太潮濕啦！看，露珠又來探訪了！

霜

當接近地面的溫度降到 0℃ 以下時，就會出現「霜」。霜是空氣中的水汽在地面或靠近地面的物體表面上凝華而成的冰晶，它的形成原因和露的類似，都是從空氣中分離出來的水汽。

霜通常出現在冬季。在極為寒冷的早晨，高地或新界北部地區的草葉上、泥土上、枯黃的樹葉上偶爾會覆蓋一層白色的霜。

霧、露、霜的「生命」都很短暫。太陽出來之後，氣溫升高，它們就消失了。

雲的外觀

在高空的低溫環境中聚集的小水滴或小冰粒，將陽光散射到各個方向，產生了我們看見到的各種雲的外觀。

在約 5,000 米的高空，晴天時的雲是白色的，因為大部份光線都能通過。

卷層雲好像為天空鋪了一層布幕。透過這層「布幕」，我們能看見到太陽或月亮的輪廓。

雲體中部較暗，各部份的透光程度不一樣。

在約 4,500 至 10,000 米的高空，由稀疏細小的冰晶組成的捲雲，樣子像小鈎、羽毛、馬尾，看起來很飄逸。

雲體很薄，陽光能通過。

在約 5,500 米的高空，卷積雲像清風吹過水面留下的細小波紋，又像白色鱗片一樣成行排列。

在約 2,000 至 5,000 米的高空，高積雲看起來像波浪或田壟。

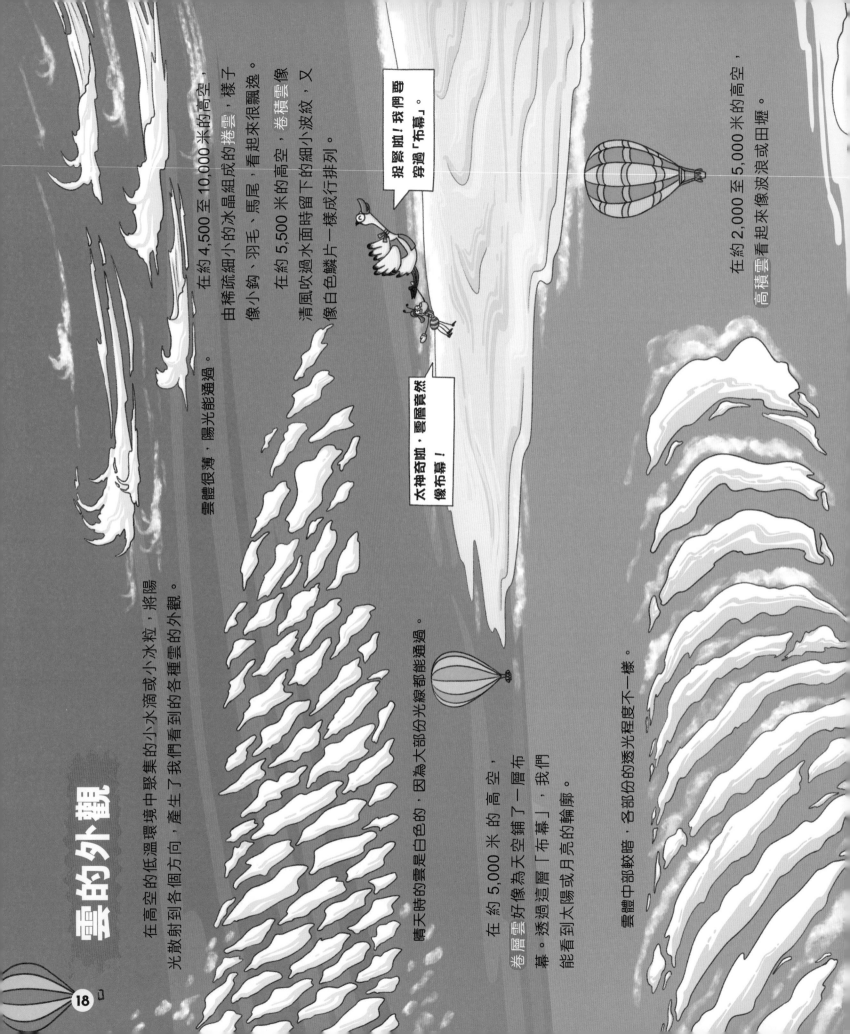

太神奇啦，雲層竟然像布幕！

捉緊啦！我們要穿過這層「布幕」。

為甚麼會有彩色的雲呢？

大概是太陽想讓地球的景色更美麗吧。

為甚麼會有彩色色的雲呢？

日出和日落前後，太陽光線斜射，大量波長較短的光被空氣中的水汽和雜質散射，而剩餘的紅色光、橙色光等波長較長的光照射到大氣層時，我們就會看到日出、日落方向的天空是橙紅色的。如果這時候有雲，就能看到朝霞或晚霞。

在約 2,000 米以下的空中，雨層雲遮蔽日月，呈暗灰色，常帶來連續性降雨。

陰天時的雲是灰色的，雲層稍微厚一點，只有部份陽光能通過。

在約 1,500 至 3,500 米的高空，高層雲呈現出絲縷狀條紋，或整體均勻的雲幕。

下雨前的雲是黑色的，雲層通常很厚，陽光透不過。

在約 600 至 1,200 米的空中，潮濕地區常見積雲；在 3,000 米的空中，乾燥地區常見積雲。積雲一般在上午出現，午後最多，傍晚逐漸消散。

在約 400 至 1,000 米的空中，積雨雲像聳立的高山，常常來雷電、陣雨等天氣，雲底偶爾會產生與地面相接的龍捲風。

雨、雪的形成

按照數字由小到大的順序閱讀啊！

我太重了，要回到地面。

4 到了 7,000 米高空時，周圍的溫度下降至零下 40 度。此時，冰粒會聚集在一起，愈變愈大。

5 這時，沒有氣流能支撐它們了，冰粒開始落下。如果接近地面的溫度高於 7℃，冰粒會重新變為水珠落到地面，這就是「雨」。

3 當到達 4,000 米高空時，周圍的溫度下降到零下 7 度，水珠變成了冰粒。因為有強大的氣流托起，冰粒不會落下。

我回來啦！咦，我怎麼變了樣？

雨水滴下時實際的形狀是扁圓形的。

2 風加入，把更多的水汽、小水珠吹過來。於是，小水珠不斷碰撞、融合，變成大水珠。

1 在 2,000 米高空中的雲彩，水汽凝結生成小水珠，小水珠聚集在一起，並被上升氣流推向更高的地方。

凝結

由氣態轉變為液態的過程稱為凝結。在凝結過程中起關鍵作用的是凝結核，它能讓水汽有效地凝結在一起。空氣中飄浮的塵埃及其他雜質都有充當凝結核的作用。

凝華

　　凝華指物質由氣態不經液態直接轉變為固態的過程，霧淞、霜、冬天時玻璃上的冰花都是凝華現象。

變身成功！

6　如果接近地面的溫度低於 0℃，冰粒就不會融化，它們會以固體形態落到地面，這就是「雪」。

一般來說，如果濕度充足，氣溫在零下 15 度左右，就會下鵝毛大雪。

這是打雪戰、堆雪人的好時機！

雪花是怎樣形成的？

　　水分子在凝結時，會變成六角形的冰晶。冰晶在溫度適宜、濕度充足的空氣中旋轉時，它的凸出部份會將沾到的水汽凝華。這個過程不斷重複，冰晶就會迅速生長，直至變成雪花。

　　當氣溫很低或空氣中水汽較少時，冰晶缺乏生長的「能量」，又很難彼此沾上，因此雪花的形狀就會比較單一。常見的雪花形狀有針狀、柱狀、片狀等。

雲間的戰爭

炎熱的夏日，積雲在不斷上升的過程中逐漸變厚、變大，直至形成濃墨色的積雨雲。積雨雲容納了數不清的冰粒、水珠，它們在雲朵裏「橫衝直撞」。

冰粒和水珠不斷摩擦、撞擊，積雨雲中的電荷被分解，正電荷走到了雲的上端，負電荷走到了雲的下端，正、負電荷之間相互吸引。

由於空氣不是良好的導電體，正、負電荷之間的吸引受到阻礙。但當電荷愈聚愈多，就會衝破阻礙而互相接觸，這個過程會產生大的電流，即放電。

同時，閃電能將空氣的溫度瞬間加熱到超過10,000度。巨大的熱量使空氣急速膨脹、爆炸，於是就產生了我們聽到的雷聲。

放電時會發出強烈的光，也就是我們看到的閃電。閃電瞬間釋放的電力足以讓7,000個100瓦燈泡工作約8小時。

快到我這裏來！

22

打雷和閃電在遠處同一地點同時發生，但我們總是會先看到閃電，後聽到雷聲。這是因為光和聲音在空氣中的傳播速度不同，光速約為每秒 30 萬公里，聲速約為每秒 340 米。

積雨雲中的水汽非常豐富，同時有強烈而不均勻的上升氣流，冰粒在不穩定的氣流中不斷與雲中的雪花、過冷卻的小水滴等結合，形成具有透明與不透明交替層次的冰塊。當冰塊大到上升氣流無法支撐時就會降落到地面上，形成冰雹。

螞蟻窩

我們到地下暫避吧。

媽媽窩我們不進去呀！

快跑呀！落冰雹了！

導電體與絕緣體

自然界中，有些物體導電良好，即電流可以通過它傳導，稱為導電體。有些物體不容易導電，稱為絕緣體。自來水、金屬、碳等是導電體，乾木頭、塑膠、玻璃等是絕緣體。

電荷

電荷是物體的一種物理屬性，自然界中常見的物體都帶電荷。電荷分為正電荷與負電荷。正、負電荷的數量平衡被打破時，物體就會發生放電現象。

光的魔術

大雨過後，我們常常會看到美麗的彩虹。彩虹是大氣中一種光的現象，天空中的小水珠經日光照射，發生折射和反射作用形成弧形彩帶。

我們看到的彩虹有紅、橙、黃、綠、藍、靛、紫七種顏色。事實上，彩虹有數百萬種顏色，但是為方便起見，只用這七種顏色作區別。

折射

光從一種介質斜射入另一種介質時，傳播方向發生偏折的現象，稱為光的折射。生活中，放入水中的筷子「斷」了；看似很淺的泳池其實很深；在沙漠中看到海市蜃樓等等，都屬於光的折射現象。

入射光線
空氣
折射光線　　水

看來它不懂光的折射原理，快逃！

我明明看到龍蝦在那裏，怎麼會捉不到？

我們在地面上看到的彩虹是半圓形的，實際上彩虹是個完整的圓形，坐在飛機上往下看就能看到圓形的彩虹。

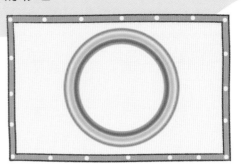

彩虹的形成原因

陽光進入水珠先產生折射，分解為單色光；單色光碰到水珠的內部會反射；經反射後的單色光在離開水珠時再次折射，遇到從其他水珠中穿過的單色光，形成彩虹。有時候我們會看到雙彩虹，紫色光在上、紅色光在下的稱為霓。霓的形成原因與彩虹相同，只是在彩虹反射水珠後再反射多一次。

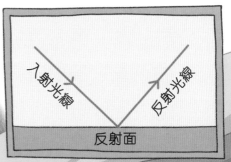

入射光線　反射光線

反射面

反射

光傳播的過程中，由一種介質到達另一種介質的界面時，立即返回原介質的現象稱為光的反射。生活中，我們看到的每一種不發光的物體都離不開光的反射。物體只有將光線反射到我們的眼睛裏，我們才能看到它。

水滴

彩虹

水滴

霓

我最喜歡用鏡子將陽光反射到陰暗的房間。

25

氣團與鋒

氣團

　　引起天氣變化的「主謀」是氣團。氣團是指溫度、濕度在各高度水平方向上分佈較為均勻的大範圍氣塊，厚度約幾千米到幾萬米。根據溫度對比，氣團分為冷氣團和暖氣團兩類。

　　氣團往往在廣闊的海洋、冰雪覆蓋的大陸、一望無際的沙漠等地上空形成，這些地區在大範圍內的性質比較均勻，大氣與地表的水汽、熱量交換穩定，氣團可在較長時間內停留或緩慢移動。

　　當氣團離開它的起源地，去到某個地表與其溫度、濕度差異較大的地區上空時，就會引起天氣變化。

暖氣團快快打敗冷氣團吧！

這是我們最喜歡的天氣，傾巢出動吧！

又到梅雨季節了，衣服愈晾愈濕，牆上長滿霉斑，我全身黏糊糊的。

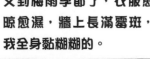

例如當南下的冷氣團與北上的暖氣團在中國江淮流域相遇，彼此勢均力敵、互不相讓時，就會形成持續近一個月的陰雨天氣，俗稱「梅雨季節」。

鋒

冷氣團和暖氣團相遇時，密度較高的冷氣團向下走，密度較低的暖氣團向上走，它們的交界面（過渡帶）稱為鋒，鋒與地面相交的線叫作鋒線。

冷氣團將暖氣團「逼退」時，稱為冷鋒。冷鋒過境時，常出現陰天、雨雪、大風、降溫等天氣現象。冷鋒過境後，氣溫降低，天氣晴朗。

暖氣團將冷氣團「趕走」時，稱為暖鋒。暖鋒的移動速度較慢，會帶來連續降雨的天氣。暖鋒過境後，氣溫升高，天氣轉晴。

氣象預測

透過互聯網，我們可以輕鬆了解世界各地目前的天氣狀況及未來的天氣預報。這歸功於氣象學家對天氣的持續觀測和評估。

氣象是甚麼？

氣象泛指大氣中的各種狀態和現象，如風、霜、雨、雪、霧、露、閃電、打雷等等。影響氣象的要素主要有氣溫、氣壓、風、濕度、雲、降雨等。

位於西太平洋的低氣壓未來幾日大致移向華南沿海海域。

氣象衛星

誰收集氣象數據？

氣象衛星攜帶探測儀器，用無線電波將探測結果傳回地球。另外，拍攝的紅外線照片可以顯示不同物體表面所散發的熱輻射量。透過這些數據，氣象學家在夜間也能看清雲層的溫度和分佈狀況，然後透過監察雲層的發展以獲得風速和風向等數據。

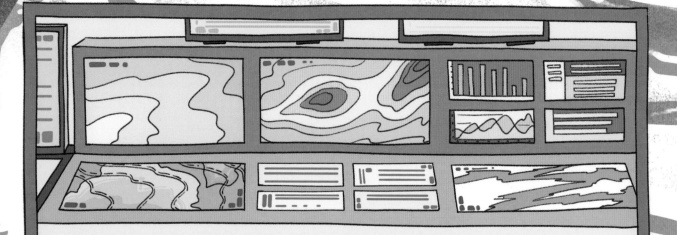

怎樣分析這些數據呢？

數據分析需要超級電腦的幫忙，它們能計算未來 15 天以上的天氣變化情況。因為天氣一直在變化，電腦每 6 小時就要重新計算一次。最後，氣象學家用「天氣圖」表達計算結果，然後透過互聯網、電視等渠道向大眾解釋天氣圖所傳達的天氣信息。

氣象學家用高空探測氣球把探測儀器帶到高空，採集溫度、氣壓、濕度、風速和風向等數據。

風正往東北方向吹去，移動速度相當快。

海上大風大浪，漁船請儘快返回避風塘。

高空探測氣球

天氣雷達既能利用雨點、冰晶等的反射信號強弱以探測大氣中的降雨強度、分佈、移動及演變情況，亦能探測高空的風向、風速、氣壓、溫度及濕度等數據。天氣雷達在監測、預報及預警未來突發情況及惡劣天氣時極為重要。正是因為有氣象衛星、天氣雷達、高空探測氣球的豐富數據，氣象學家才能更準確地評估天氣。

天氣雷達

海拔、緯度、地形等多種因素會影響天氣的變化，預報不可能做到完全準確。

天氣預報又不準確了，今日陽光普照，沒有下雨。

世界各地都有氣象監測站，工作人員用溫度計、雨量計、風速計、濕度計、日照計等儀器監測當地的天氣數據。

科技干預天氣

科學家在上世紀已開始着手研究科學技術干預天氣的方法，減少冰雹、雷電、霜凍、颱風等惡劣天氣現象，從而減輕惡劣天氣的破壞程度，以至對大眾的負面影響。

這裏需要下雨嗎？

需要，在雲上灑少許催化劑吧。

人造雨

根據不同雲層的特點，向雲層灑入合適的催化劑（鹽粉、乾冰、碘化銀等），作為凝結核、冰晶核或雪種，令雲層中的水滴或雪花增大而落到地面，形成降雨。

我預測到一場人造雨即將來到了。

沒有雨水，地面都裂開了。

人工減少冰雹

發射到高空的催化劑炮彈會令雲團產生冰雹胚胎顆粒，與天然冰雹胚胎爭奪雲團有限的水份，從而減少冰雹的平均體積。小冰雹降落時，即使未完全融化，也會減輕其危險程度及減少破壞。

人工阻止降雨

如果某地不需降雨，就可在雨雲抵達該地前，預先在該雲團潑灑冰核，令冰核的數量達到降雨標準的 3 至 5 倍。當冰核數量增加時，每顆冰核平均可吸收的水份便會減少，因此無法形成體積大至能降落的雨滴。

人工削弱颱風

一般來說，水汽凝結成冰晶時，會釋放出原本所吸收的熱量，熱量的變化會局部改變氣壓，產生對流效應。所以，人類使用催化劑可以改變颱風的氣壓差距，減弱風速，減低颱風造成的破壞。

幼苗承受不了太大的冰雹，讓我發炮彈減少冰雹。

人工消霧

機場或港口出現凍霧（溫度低於攝氏零度）時，可潑灑乾冰令凍霧消散。對於溫度高於攝氏零度的暖霧，則可潑灑氯化鈣等吸濕物質，讓霧裏的小水滴變成大水滴，使之沉降地上，霧氣就會消散。

動植物的天氣預報

　　燕子低飛是下雨的徵兆。下雨前，空氣濕度高，昆蟲因為翅膀潮濕難以高飛，燕子為了捕捉牠們就會低空飛行。

　　當**青蛙**大量跳出水面，蛙鳴一片時，就預示將要下大雨了。因為下大雨前空氣濕度增加，青蛙的皮膚有足夠的水份，即使跳出水面，皮膚也不會乾燥。

等牠們兩個打起來，小蟲就歸我了。

小蟲是我的！

是我先看到的！

翅膀太重，我飛不掉了。

　　下雨前，水中氧氣含量會減少，魚就會到水面呼吸空氣。如果看到魚在水面不停翻騰，很大機會是將要下雨了。記得帶傘出門，防止被雨淋濕。

大家快上岸吧。

呱！

當**茅草**的葉莖連接處冒出水沫時，說明陰雨天將要來臨，有類似現象的還有結縷草。

水下好悶呀。

小蝦不在這裏。

陰雨天時，如果看見**蜘蛛**在高處吐絲結網，就預示天空要放晴了。因為晴天時昆蟲會飛得較高，蜘蛛準備飽餐一頓。

你在做甚麼？

我在為大餐做準備呀，這場雨很快就會停。

瑞典南部有一種稱為**三色堇**的植物，它對氣溫的變化很敏感。當氣溫接近 20℃ 時，它的枝葉會向上伸展；當氣溫下降到 15℃ 時，它的枝葉便向下彎曲。

暴風雨來臨前，**菖蒲**會大規模開花。因為下雨前悶熱的天氣，加強了植物的蒸騰作用，使它產生大量激素，促使花朵生長。

青岡樹的樹葉晴天時呈深綠色，但在下雨前樹葉會變為紅色。雨後天氣轉晴時，樹葉又會恢復原來的深綠色。

螞蟻喜歡在濕度適宜的地方居住。當牠們成群結隊地往高處搬家時，預示將要下雨，且雨量較大；如果往低處搬家，則預示要乾旱了。

大家好呀，見到小蝦了嗎？

你們要去哪裏？

大雨快將來到了。

我們要登上高處。

四季的變化

四季的變化與地球公轉相關。公轉是指地球按一定軌道圍繞太陽轉動，周期為一年。地球在公轉時還會圍繞傾斜的自轉軸轉動，因此引起了太陽直射點的移動。太陽直射點的移動範圍在南北緯 23°26′ 之間。太陽直射點的南北移動使一年當中地球表面的氣溫變化，於是形成了四季。

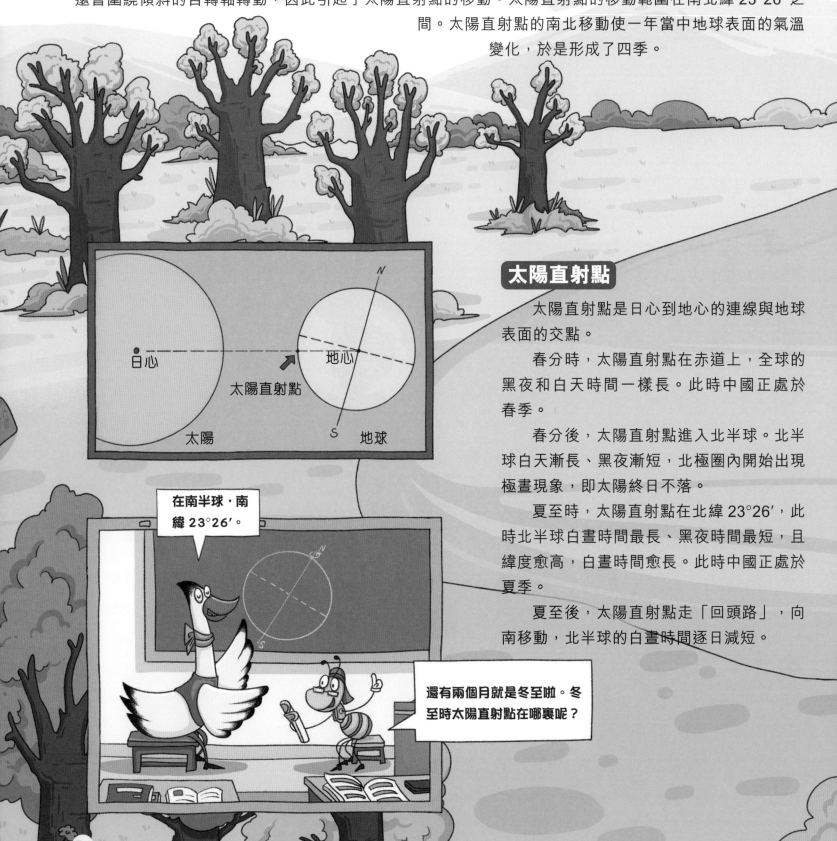

日心

太陽直射點

太陽

地心

N

S

地球

在南半球，南緯 23°26′。

太陽直射點

太陽直射點是日心到地心的連線與地球表面的交點。

春分時，太陽直射點在赤道上，全球的黑夜和白天時間一樣長。此時中國正處於春季。

春分後，太陽直射點進入北半球。北半球白天漸長、黑夜漸短，北極圈內開始出現極晝現象，即太陽終日不落。

夏至時，太陽直射點在北緯 23°26′，此時北半球白晝時間最長、黑夜時間最短，且緯度愈高，白晝時間愈長。此時中國正處於夏季。

夏至後，太陽直射點走「回頭路」，向南移動，北半球的白晝時間逐日減短。

還有兩個月就是冬至啦。冬至時太陽直射點在哪裏呢？

冬至時，太陽直射點到達南緯 23°26′，南半球白晝時間最長、黑夜時間最短。此時中國正處於冬季。

冬至後，太陽直射點又走「回頭路」，往北移動，南半球的白晝時間逐日減短。

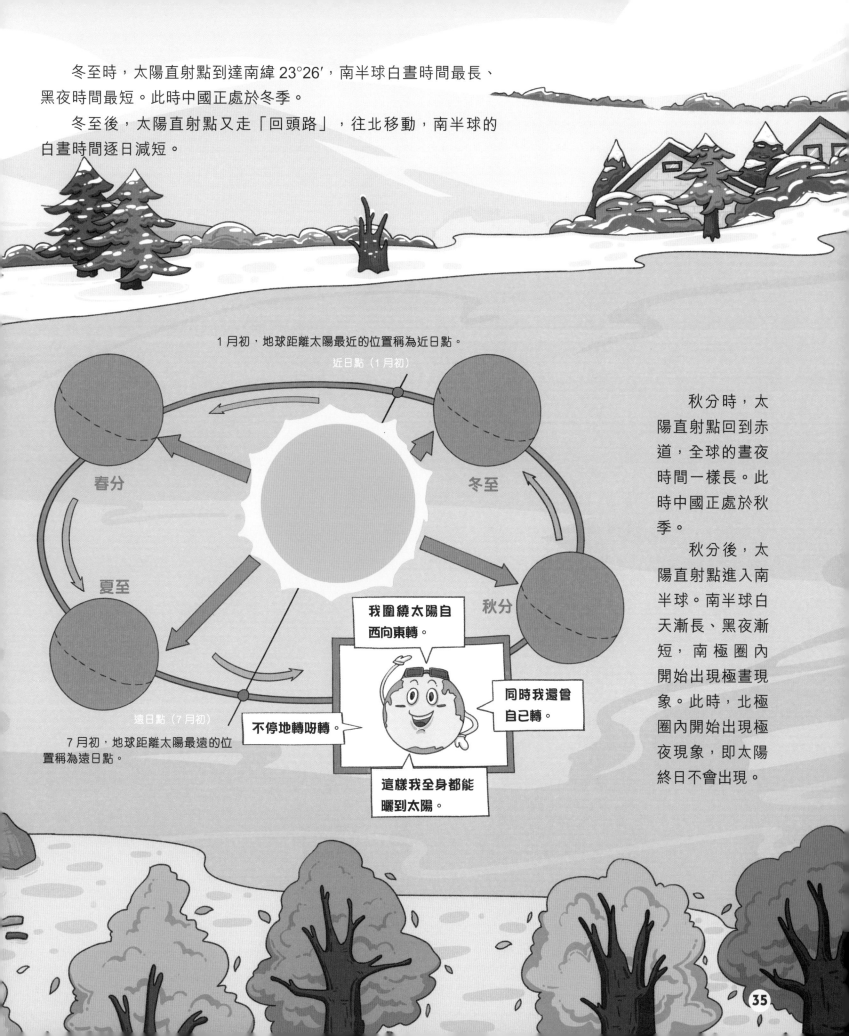

1 月初，地球距離太陽最近的位置稱為近日點。

近日點（1 月初）

春分

冬至

夏至

秋分

我圍繞太陽自西向東轉。

同時我還會自己轉。

不停地轉呀轉。

這樣我全身都能曬到太陽。

遠日點（7 月初）

7 月初，地球距離太陽最遠的位置稱為遠日點。

秋分時，太陽直射點回到赤道，全球的晝夜時間一樣長。此時中國正處於秋季。

秋分後，太陽直射點進入南半球。南半球白天漸長、黑夜漸短，南極圈內開始出現極晝現象。此時，北極圈內開始出現極夜現象，即太陽終日不會出現。

二十四節氣

二十四節氣是一年中地球環繞太陽運行到 24 個特定位置上的日期。節氣的名稱反映了自然氣候的特點。

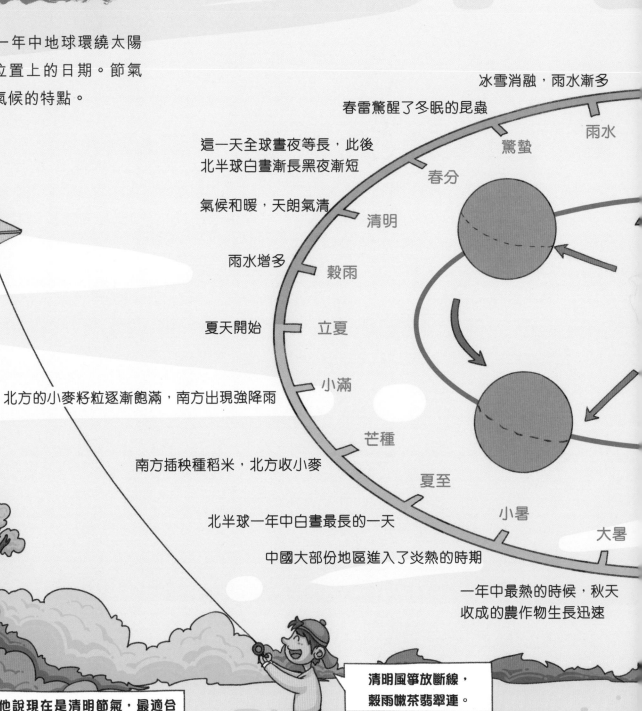

冰雪消融，雨水漸多

春雷驚醒了冬眠的昆蟲

雨水

驚蟄

這一天全球晝夜等長，此後
北半球白晝漸長黑夜漸短

春分

氣候和暖，天朗氣清

清明

雨水增多

穀雨

夏天開始

立夏

北方的小麥籽粒逐漸飽滿，南方出現強降雨

小滿

芒種

南方插秧種稻米，北方收小麥

夏至

小暑

北半球一年中白晝最長的一天

中國大部份地區進入了炎熱的時期

大暑

一年中最熱的時候，秋天
收成的農作物生長迅速

他說現在是清明節氣，最適合
放風箏。過後就是穀雨節氣了，
要採收新茶。

清明風箏放斷線，
穀雨嫩茶翡翠連。

他在說甚麼？

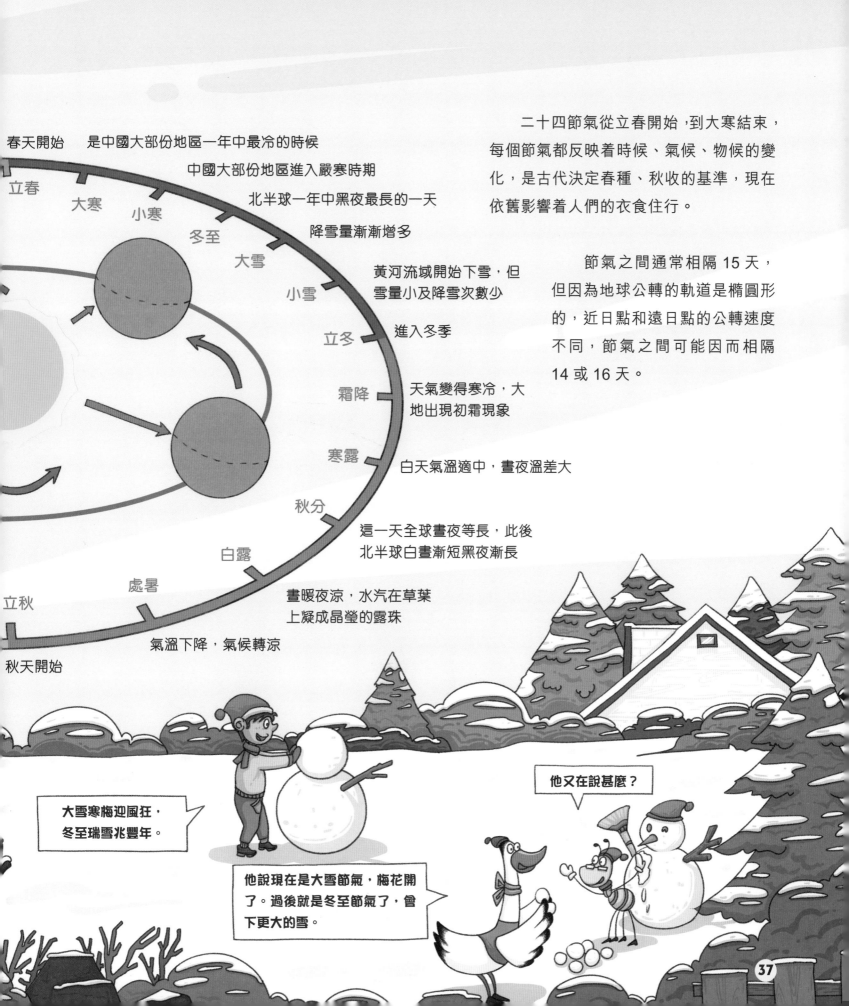

二十四節氣從立春開始，到大寒結束，每個節氣都反映着時候、氣候、物候的變化，是古代決定春種、秋收的基準，現在依舊影響着人們的衣食住行。

節氣之間通常相隔 15 天，但因為地球公轉的軌道是橢圓形的，近日點和遠日點的公轉速度不同，節氣之間可能因而相隔 14 或 16 天。

立春　春天開始

大寒　是中國大部份地區一年中最冷的時候

小寒　中國大部份地區進入嚴寒時期

冬至　北半球一年中黑夜最長的一天

大雪　降雪量漸漸增多

小雪　黃河流域開始下雪，但雪量小及降雪次數少

立冬　進入冬季

霜降　天氣變得寒冷，大地出現初霜現象

寒露　白天氣溫適中，晝夜溫差大

秋分　這一天全球晝夜等長，此後北半球白晝漸短黑夜漸長

白露　晝暖夜涼，水汽在草葉上凝成晶瑩的露珠

處暑　氣溫下降，氣候轉涼

立秋　秋天開始

大雪寒梅迎風狂，冬至瑞雪兆豐年。

他說現在是大雪節氣，梅花開了。過後就是冬至節氣了，會下更大的雪。

他又在說甚麼？

37

氣候是甚麼

天氣時刻在變化，但每個地區的多年平均氣象狀況是穩定的，這就是氣候。氣候要素主要包括長時間的氣溫、日照和降雨數據，而影響這些要素的是緯度、大氣環流、洋流、海陸分佈、地形地勢、人類活動等。

緯度與氣候帶

不計算其他因素的影響，地球的整體氣候呈現按緯度分佈的帶狀特徵。從低緯度地帶（緯度 0-30 度）到高緯度地帶（緯度 60-90 度），太陽光線由直射向斜射轉變，太陽輻射愈來愈弱，地表接收到的熱量也愈來愈少。

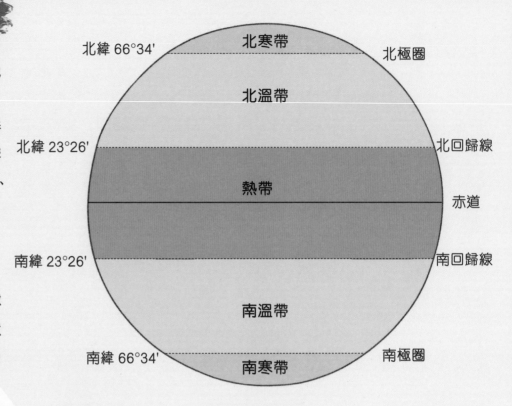

公元前 3 世紀，古希臘地理學家愛拉托散尼（Eratosthenes）根據當時的氣候狀況，將地球南北劃分為寒帶、溫帶和熱帶。

這是哪裏呀？好熱。

我們是從北溫帶來的。

這裏是熱帶呀，是我們牛椋鳥的地盤。

你們從哪裏來？

氣壓帶與風帶

地球表面受熱不均，熱帶地區接收到的熱量最多，溫帶地區次之，極地最少。氣壓帶之間要進行熱量交換，便產生了全球有規律的大氣運動，即大氣環流。

假設地球表面是均勻的，極地和熱帶地區的大氣就會循環交換。但由於跨度太大，上升並向兩極移動的熱氣流會逐漸變冷、收縮、下沉，最終地球形成了 7 個氣壓帶。

氣流的方向會受到地轉偏向力（物體相對地球表面運動時會因地球自轉而改變方向）的影響，北半球向右偏移，南半球向左偏移，因此在氣壓帶之間形成了 6 個風帶。

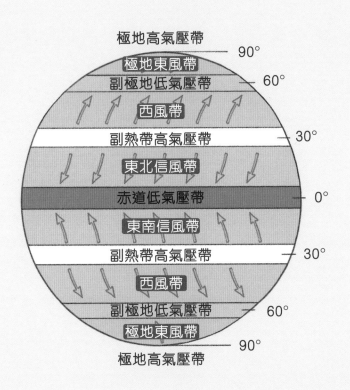

氣壓帶和風帶會隨着季節變化而南北移動，對氣候影響非常大。例如非洲的熱帶草原氣候區，旱季時處於信風帶控制下，降雨少，草木枯萎；雨季時處於赤道低氣壓帶控制下，降雨多，草木茂盛。

海陸分佈與季候風

　　由於大陸升溫和降溫的速度比海洋快，形成海陸熱力性質差異，使原本的氣壓帶被分裂成高、低氣壓中心，例如位於副極地低氣壓帶的蒙古——西伯利亞高壓。

　　大陸與鄰近海洋的氣壓差導致大範圍盛行隨季節作有規律變化的風，這種風被稱為季候風。季候風環流具有大氣環流的基本特徵，即交換熱量和水汽。

地形地勢與局部地區性氣候

　　氣流往往會被山脈阻擋，使山脈兩側形成截然不同的氣候區。例如中國的秦嶺，它阻擋了南下的冷空氣流和北上的暖空氣流，成為中國乾燥北方和濕潤南方的分界線。

　　同一緯度地區，地勢愈高，氣溫愈低，而且帶雨量的氣流無法到達太高的地方。例如位於赤道處的東非高原就沒有形成熱帶雨林氣候，而是形成了熱帶草原氣候。

山太高，我過不去啦。

這邊植被茂密，一片綠色。

洋流與沿海氣候

在風力、氣壓梯度力等的作用下，海洋中的海水沿着一個方向從一個海域流向另一個海域，這種大規模的海水運動叫作洋流。

按水溫高於或低於所經海域，洋流被分為暖流和寒流。暖流對沿途氣候有升溫、加濕的作用，如在北大西洋暖流的影響下，西歐和北歐的氣候有明顯的升溫、加濕現象。寒流對沿途氣候有降溫、減濕的作用，如秘魯沿海形成的熱帶沙漠，是因寒流起到一定作用。

明明在海洋旁邊，為甚麼會有沙漠？

因為有寒流經過，大氣一直在受冷收縮，無法形成降雨。

洋流也會受到地轉偏向力、海岸線以及海底地形的影響，如海岸的阻擋會改變洋流的運動方向。

這邊甚麼都沒有，光禿禿的。

赤道與兩極

　　赤道穿過的地區與兩極地區在氣溫、降雨等方面存在極大的差異，因此形成截然不同的地理環境。

　　赤道是環繞地球表面與南北兩極距離相等的圓周線。

　　赤道將地球分為南北兩個半球。赤道的緯度為 0°，向北是北緯 0° 到 90°，向南是南緯 0° 到 90°。

　　赤道上一年要被太陽光線直射兩次，接收的熱輻射總量較多，因此赤道穿過的地區全年皆為夏天，四季變化不明顯。

　　從赤道到南北回歸線之間的氣候帶是熱帶，熱帶的氣候類型有熱帶雨林氣候（如亞馬遜河流域）、熱帶草原氣候（如東非高原）、熱帶沙漠氣候（如非洲北部）、熱帶季候風氣候（如中南半島）。

　　熱帶擁有全球最豐富的物種，物種數量隨着向兩極地區移動而遞減。

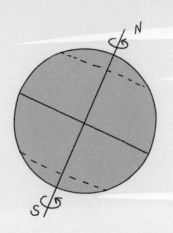

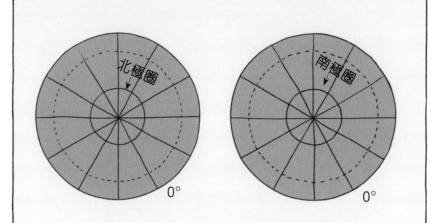

地球自轉軸與地球表面相交的兩點，在北半球的稱為「北極」，在南半球的稱為「南極」。北極地區指北極圈（北緯 66°34'）以北的廣闊區域，南極地區指南極圈（南緯 66°34'）以南的廣闊區域。

太陽直射點從不到達北極地區和南極地區，這裏甚至還有長達半年太陽終日不出現的「極夜」現象，因此常年氣候寒冷。極地的氣候類型包括寒帶冰原氣候和苔原氣候兩種。

北極地區的主要地貌是冰冷的海洋——北冰洋。生活在北極地區的動物以北極熊和鯨魚為代表。

南極地區有世界第七大陸——南極洲。生活在南極地區的動物以企鵝、海豹、南極賊鷗、磷蝦為代表。

沙漠和雨林

降雨是影響氣候的一個重要因素，降雨量的多少使地球上形成多雨、乾燥等不同氣候，以及雨林、沙漠等自然景觀。

一般來說，濕潤地區的年降雨量在800毫米以上，且降雨量高於蒸發量；半濕潤地區的年降雨量在400至800毫米之間，且降雨量高於蒸發量；半乾旱地區的年降雨量在200至400毫米之間，且降雨量低於蒸發量；乾旱地區的年降雨量在200毫米以下，且降雨量低於蒸發量。

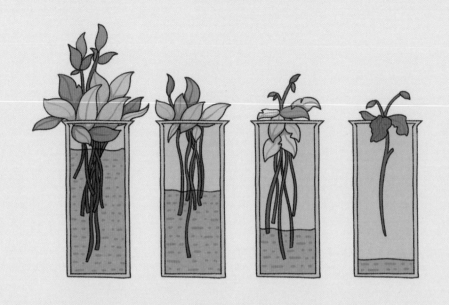

地球上約有三分之一的陸地是乾旱、半乾旱的荒漠地區，年降雨量在250毫米以下，有些地區甚至不足10毫米。那裏的地表被沙覆蓋，植被稀少，甚至完全沒有草木。

撒哈拉沙漠為甚麼是世界上最大的沙漠？

1. 撒哈拉沙漠位於非洲北部，常年受副熱帶高氣壓帶控制，盛行乾熱的下沉氣流，全年乾旱少雨。
2. 東北信風從陸地吹來，水汽不足，不易降雨。
3. 東側的埃塞俄比亞高原阻擋了來自海洋的濕潤氣流。
4. 西岸的加那利寒流降溫減濕，使沙漠逼近沿海地區。
5. 撒哈拉沙漠所在地區地勢平坦，起伏不大，容易颳起乾燥的風。

雨林的年降雨量與沙漠相差極大，約在 1,000 至 3,000 毫米。雨林是地球上生物繁衍最活躍的區域，也是多種古老動植物的棲息地。

亞馬遜雨林位於南美洲的亞馬遜平原，有「世界動植物王國」之稱。亞馬遜雨林位於赤道附近，長年受赤道低氣壓帶控制，盛行上升氣流，全年高溫多雨。

亞馬遜雨林降雨豐富的原因

1. 東側是大西洋，東南信風將大西洋的水汽送往內陸。
2. 亞馬遜熱帶雨林所在的亞馬遜平原北部是圭亞那高原，南部是巴西高原，西部是高大的安第斯山脈，這樣的地理位置有利於從東部來自大西洋的水汽深入內陸。
3. 南赤道暖流有升溫加濕的作用。

全球暖化

　　2023 年 11 月底，在第 28 屆聯合國氣候變化大會開幕之際，世界氣象組織發佈《全球氣候狀況臨時報告》，指出 2023 年全球平均氣溫（1 月至 10 月）比 1850 至 1900 年高出約 1.4 ℃，數據顯示 2023 年全球平均氣溫繼續升高。

　　全球暖化指全球平均氣溫升高的現象，導致這種現象的主要原因是人類活動中溫室氣體排放量的增加。溫室氣體存在於大氣內，太陽短波輻射透過大氣射入地面，地面升溫後放出的長波輻射被這些氣體阻止，無法逸出大氣層，使地面附近的大氣溫度保持在較高的水平。

　　工業革命後，人類排放的二氧化碳等溫室氣體逐年增加，溫室效應隨之加劇，地球也就愈來愈熱了。

是誰令地球變熱了？

全球暖化是太陽活動、火山爆發等自然現象和人類活動造成的結果。其中，人類活動產生的溫室氣體（主要為二氧化碳）排放量增加是一個重要原因。

能夠增加溫室氣體排放量的人類活動主要有燃燒煤炭和木柴，使二氧化碳的排放量增加；砍伐林木，植物減少，能吸收的二氧化碳也減少等。此外，汽車、飛機、輪船等排放的廢氣也含有大量的溫室氣體。

全球暖化有甚麼影響？

全球暖化會影響降雨量，地球上很多城市都遭受過暴雨導致的水災。

全球暖化使兩極的冰層加速融化，北極熊失去休憩的浮冰，難以捕食獵物。

全球暖化使物種滅絕的速度加快。2019年2月，珊瑚裸尾鼠滅絕，這是有記錄以來首種因全球暖化而滅絕的哺乳動物。

減緩全球暖化我們能做些甚麼？

在生活中，我們可以參與植樹活動、減少即棄用品的使用量、乘搭公共交通工具等方式以減緩全球暖化的趨勢。

書　　名　小學生趣味大科學：奇妙的自然現象——天氣

編　　者　恐龍小Q

責任編輯　蔡梲音

美術編輯　蔡學彰

出　　版　小天地出版社（天地圖書附屬公司）

　　　　　香港黃竹坑道46號新興工業大廈11樓（總寫字樓）

　　　　　電話：2528 3671　傳真：2865 2609

　　　　　香港灣仔莊士敦道30號地庫（門市部）

　　　　　電話：2865 0708　傳真：2861 1541

印　　刷　亨泰印刷有限公司

　　　　　柴灣利眾街27號德景工業大廈10字樓

　　　　　電話：2896 3687　傳真：2558 1902

發　　行　聯合新零售（香港）有限公司

　　　　　香港新界荃灣德士古道220-248號荃灣工業中心16樓

　　　　　電話：2150 2100　傳真：2407 3062

出版日期　2024年1月 / 初版‧香港

編者簡介

恐龍小 Q 是大唐文化旗下一個由中國內地多位資深童書編輯、插畫家組成的原創童書研發平台，平台的兒童心理顧問和創作團隊，與多家內地少兒圖書出版社建立長期合作關係，製作優秀的原創童書。